LOUIS-JACQUES BÉGIN

A

FRANÇOIS-VICTOR-JOSEPH

BROUSSAIS.

LETTRE

DE

LOUIS-JACQUES BÉGIN,

DOCTEUR EN MÉDECINE,

A FRANÇOIS-JOSEPH-VICTOR

BROUSSAIS,

Chevalier de l'ordre royal de la Légion-d'Honneur, Médecin en chef et premier professeur à l'Hôpital militaire d'Instruction de Paris ; Membre titulaire de l'Académie royale de Médecine ; Membre honoraire de la Société de Médecine, Chirurgie et Pharmacie du département de l'Eure ; de l'Académie royale de Médecine de Madrid ; Associé de la Société patriotique de Cordoue ; Correspondant de la Société d'émulation de Liége ; Associé correspondant de la Société médicale de la Nouvelle-Orléans, et de la Société de Médecine de Louvain ; Membre correspondant de la Société Linnéenne de Bordeaux, et du Cercle médical de Wassy.

A PARIS,

CHEZ J.-B. BAILLIÈRE, LIBRAIRE,

RUE DE L'ÉCOLE DE MÉDECINE, N° 14.

28 décembre 1824.

LOUIS-JACQUES BÉGIN

A

FRANÇOIS-VICTOR-JOSEPH

BROUSSAIS,

MONSIEUR,

Par quelle fatalité les hommes qui ont le plus franchement adopté les principes de la doctrine physiologique, et qui ont manifestement contribué à son triomphe,
se trouvent-ils tout-à-coup transformés par vous en
adversaires, et devenus l'objet de vos outrages mensuels ?
Comment se fait-il que, loin d'être reconnaissant de
leurs efforts et de les encourager dans leurs travaux,
vous méconnaissiez les services rendus par eux à la
cause de la vérité ? L'histoire des sciences offre à peine
un exemple d'un semblable phénomène, et il convient
de rechercher enfin si on doit l'attribuer à l'ingratitude des disciples, ou à l'intolérance hostile, aux exi-
geances à chaque instant renaissantes du maître.

Je ne me dissimule pas combien la tâche que j'entre-
prends est pénible, combien cette lettre paraîtra longue
et fastidieuse au plus grand nombre des lecteurs. Des
débats personnels importent, en effet, si peu à la science !
le public doit attacher un si mince intérêt aux démêlés

intérieurs des écoles ! Mais vous, monsieur, vous m'accorderez, je n'en doute pas, quelque attention, vous me suivrez dans mes développements : la justice vous en fait un devoir. Lorsque l'on viole incessamment envers ses confrères les convenances de société et de profession, la punition la plus légère que l'on mérite est certes celle d'écouter la réponse de l'une des personnes offensées.

Sous un autre point de vue, les discussions dans lesquelles je vais entrer pourront sembler de quelque utilité. C'est un fragment de l'histoire de la médecine, à l'époque actuelle, que je prétends tracer. J'essaierai de faire connaître, dans toute leur exactitude, vos titres personnels à l'admiration publique et à la reconnaissance du monde médical; je montrerai comment l'école nouvelle, préparée par les longs travaux des Haller, des Bordeu, des Bichat, des Corvisart, des Chaussier, et d'une foule d'autres médecins illustres, est enfin obligée de se séparer de vous, et de vous abandonner au sein d'une coterie tracassière dont vous êtes devenu le chef.

Ne craignez pas, monsieur, que je descende ici jusqu'aux trivialités injurieuses dont fourmillent vos *Annales*, qui ne seront jamais celles de la politesse et du bon goût. Lors même que mes habitudes se prêteraient à un pareil langage, je ne m'oublierai point jusqu'à en faire usage envers vous : rien ne me fera méconnaître les importants services que vous avez rendus à la science ; je serai ici ce que j'ai toujours été, c'est-à-dire empressé à proclamer le bien que l'on vous doit, mais sans ménagement pour ce qui me paraît mériter le blâme. Je saurai conserver, j'espère, le ton de dignité qui convient à des hommes bien nés; je saurai respecter le caractère de médecin, dont vous et moi sommes revêtus.

En satisfaisant à ces devoirs, il me sera permis, sans doute, de vous parler avec franchise, et vous excuserez les accens que l'indignation pourra m'arracher. Il est temps d'en finir entre vous et l'école que vous cherchez à flétrir, et qui ne peut plus être la vôtre. Frappés de vos continuelles réclamations, les médecins qui vous écoutent pourraient penser que l'ingratitude et la persécution vous assiégent; si vos reproches demeuraient sans réponse, cette postérité, que vous fatiguez d'avance d'invocations sans cesse répétées, vous représenterait peut-être comme un père tendre outragé par ses enfans. Il importe à la vérité de prévenir ces jugements inexacts, et de vous montrer tel que vous êtes, tel que vous avez toujours été.

Un des reproches que vous adressez le plus fréquemment à vos disciples est celui de l'ingratitude. Avant d'examiner jusqu'à quel point ils le méritent, revenons, je vous prie, à l'époque de vos premiers travaux ; traçons une rapide esquisse de votre conduite avec ce que la médecine possède de plus honorable.

Un médecin philosophe avait débrouillé, en France, le chaos des anciennes théories ; sous ses auspices, et par ses infatiguables efforts, une école nationale s'était formée. Les praticiens français ne flottaient plus entre les opinions incohérentes de Stahl, d'Hoffmann, de Boerhaave, de Brown; ils étaient ralliés à une doctrine simple, lumineuse, fondée sur la physiologie la plus positive du temps, bien qu'elle fût erronée dans le plus grand nombre de ses principes et de ses applications. Ce médecin fut incontestablement votre maître; vous lui avez dédié votre thèse; et cet hommage ne fut pas le fruit de l'enthousiasme d'un nouvel adepte, car vous aviez alors déjà étudié pendant long-temps, et quelque expérience avait dû être le résultat de vos services dans la marine (1). Les travaux de l'illustre professeur vous semblaient avoir imprimé une marche nouvelle autant que salutaire à la science. Tout le monde médical, disiez-vous, entraîné par un ascendant puissant, a obéi, pour ainsi dire, sans s'en apercevoir (2) ; et alors, non seulement vous obéissiez, mais vous alliez au-delà du maître. Une vérité de fait était, suivant vous, que l'émétique seul guérit l'embarras gastrique (3). « Les malades qui ne digèrent plus, disiez-vous alors, tombent dans une petite fièvre, avec des redoublements quelquefois réguliers, d'autres fois irréguliers, qui les entraîne enfin dans la consomption ; les toniques et les pectoraux adoucissans ne les soulagent pas, mais si quelque remède procure des vomissemens, on les voit se rétablir avec une promptitude surprenante (4). » Ce n'était pas par imitation, sur la parole du maître, que vous avanciez des exagérations de ce genre : vous attestiez votre expérience personnelle. Vous ne redoutiez point de prodiguer alors l'émétique : les simples vomissemens ne vous suffisaient pas ; il fallait des vomissemens bilieux, et même la sortie de la bile verte qui séjourne sans doute dans la vésicule du fiel (5). Afin qu'on n'éludât pas vos prescriptions, vous placiez près du malade

---

(1) M. Broussais avait alors trente-un ans ; il comptait six ans de service dans la marine.

(2) *Recherches sur la fièvre hectique*, Paris, an **XI**, in-8°, pag. 80.

(3) *Idem*, pag. 11.

(4) *Idem*.

(5) *Idem*, observ. 2ᵉ et 3ᵉ.

des personnes sûres, avec injonction de réitérer les doses de tartrate antimonié de potasse, d'ipécacuanha et d'eau chaude, jusqu'à ce que l'effet désiré fût produit (1).

Loin de moi la pensée de vouloir établir qu'il y a contradiction entre votre manière de voir alors et celle que vous avez adoptée depuis ; je sais que la pratique et la théorie doivent être modifiées suivant les résultats obtenus. Rougir d'abjurer de funestes erreurs, et continuer l'emploi de moyens dont l'expérience démontre les sinistres effets, est un crime de lèse-humanité que vous n'avez jamais commis. Ce n'est cependant pas sans raison que je suis revenu sur ces premiers pas de votre carrière médicale : ils démontrent que vous étiez le disciple fervent de M. Pinel ; il semble même que des liens plus spéciaux, plus intimes, vous unissaient à sa personne, puisque vous lui avez offert et qu'il a agréé l'hommage de votre dissertation.

Or, comment vous êtes-vous conduit ensuite ? Quel exemple avez-vous donné du respect que l'on doit à ses maîtres ; de la déférence que l'âge, les services rendus, l'illustration méritée, une réputation européenne, imposent également ? Trouvez-vous, dans votre vie médicale et littéraire, un seul acte qui vous autorise à réclamer des égards que vous auriez eus pour d'autres ? Il faut, monsieur, lorsqu'on le prend sur le ton qui vous devient chaque jour plus familier, lorsqu'on affiche des prétentions sans bornes au respect, à la reconnaissance, il faut avoir prêché d'exemple. Nul ne saurait, sans être injuste envers vous, méconnaître vos titres à la

---

(3) Pag. 13 et 14.

gloire ; mais une justice équitable et sévère est tout ce qu'on devra jamais à celui qui, depuis si long-temps, ne cesse de tout refuser aux autres.

Quels ont été vos motifs pour abjurer en 1816 des devoirs dont vous réclamez aujourd'hui l'observance avec tant de hauteur ? « Mes observations, avez-vous dit dans un de vos articles, ont été accueillies avec froideur (1). » Lorsqu'en parcourant huit années des journaux de médecine, après votre rentrée en France, vous avez vu que votre doctrine n'avait pas fructifié ; que très peu de médecins avaient su en faire l'application dans leur pratique ; qu'on ne l'avait développée ni dans les cours publics, ni dans les cours particuliers ; que les oracles de la littérature médicale n'avaient pas publié un seul paragraphe dans le même esprit, vous avez cru qu'il était temps de rechercher la cause de ce mépris apparent (2). Vous aviez le droit, sans doute, de procéder à cette recherche ; mais elle n'entraînait pas la conséquence qu'il fallût adresser à votre maître d'offensantes personnalités ; qu'il fallût flétrir d'avance les hommes que vous vous proposiez de convaincre, et les placer dans cette alternative, ou de paraître céder à la crainte de l'injure et du ridicule, ou de demeurer dans les anciennes voies, en modifiant toutefois leur pratique d'après vos observations. L'humanité n'a pas autant perdu que vous voulez bien le supposer, à cette révolution : votre amour-propre seul a pu en souffrir : les médecins éclairés ont adopté la plus grande partie de votre pratique, parcequ'elle était

---

(1) *Journal universel*, tom. VIII, pag. 149.

(2) *Idem*, pag. 179.

bonne; mais beaucoup d'entre eux ont hésité, ou se sont refusés, à embrasser ouvertement une cause que vous aviez rendue mauvaise par votre manière de la présenter, à faire partie d'une école qui semblait vouloir devenir celle du scandale.

Quel crime, commis par les médecins français depuis 1808 jusqu'à 1816, autorisa le ton que vous prîtes dans le *Premier examen*, et que vous avez toujours conservé depuis, en le perfectionnant chaque jour dans les *Annales*? De votre aveu, des médecins avaient déjà compris vos préceptes, et en faisaient l'application au lit des malades; votre livre avait mérité le suffrage des véritables praticiens; il était devenu le bréviaire d'un nombre considérable de bons esprits, et avait déjà dissipé chez plusieurs autres les ténèbres dont la médecine abstractive les tenait enveloppés (1). Tels sont les résultats, produits suivant vous, par l'*Histoire des phlegmasies*. Un succès de ce genre ne pouvait-il suffire à votre ambition? Il ne s'agissait manifestement, à votre retour, que d'étendre, de fortifier cette impression favorable, et d'ajouter des démonstrations nouvelles à celles que vous aviez présentées. Mais ce moyen, dites-vous, n'eût peut-être pas réussi; il était trop lent pour les intérêts de l'humanité. Ce dernier motif est sans réplique; cependant je crois que vous êtes dans l'erreur : vous auriez produit plus de bien, vous auriez excité moins de haines, des oppositions moins acharnées; la révolution que vous désiriez introduire dans la théorie et la pratique se serait opérée d'une manière plus complète, et vraisemblablement

---

(1) *Examen*, 1e édition, pag. 399.

propagée à la Faculté elle-même, si vous aviez parlé aux consciences, au lieu d'exciter les passions, si vous aviez présenté la vérité sans froisser les amours-propres, sans révolter toutes les âmes généreuses. Il est facile, d'après ce qui s'est passé depuis huit ans, de reconnaître l'exactitude de ces assertions.

Y a-t-il quelque justice à reprocher aux médecins de n'avoir pas découvert dans l'*Histoire des phlegmasies* la nouvelle doctrine médicale tout entière, lorsque vous ignoriez vous-même qu'elle y fût renfermée? C'est par condescendance, dites-vous, que dans cet ouvrage vous avez conservé des dénominations en opposition avec vos idées physiologiques, et surtout votre pratique (1). Depuis quand le respect pour les formes peut-il entraîner à altérer sa pensée, à voiler la vérité, la vérité qui est inoffensive de sa nature, et qui ne devient injurieuse que lorsqu'on l'accompagne de personnalités étrangères à son expression? Est-ce par respect pour les formes que vous avez critiqué les trois ouvrages dans lesquels M. Prost rapporte à l'irritation de la membrane muqueuse gastro-intestinale le trouble des fonctions animales, et une foule de lésions que l'on attribue d'ordinaire à toute autre cause? Le respect pour les formes, quelque profond qu'il fût, était-il susceptible de vous faire déclarer que vous aviez rencontré cette membrane en bon état, à la suite des typhus les plus malins; que vous en aviez vu un trop grand nombre s'améliorer par l'emploi des stimulants les plus énergiques, pour partager l'opinion de ce médecin, sur la cause de la

---

(1) *Journal universel,* tom. VIII, p g. 183.

fièvre ataxique (1)? Suivant vous, les causes de la manie et des fièvres intermittentes sont trop peu connues dans leur mode d'action, pour qu'aucun praticien adopte l'étiologie proposée par M. Prost. Depuis 1816, vous avez prétendu que les idées de ce praticien n'avaient aucune analogie avec les vôtres ; qu'il avait mal expliqué les désordres découverts dans les membranes digestives ; et cependant la démonstration que vous aviez bien compris, bien médité son opinion résulte de la manière dont vous la présentez. « M. Prost, dites-vous, s'est étudié à prouver que l'irritation de cette membrane (la muqueuse de l'estomac et des intestins) peut exister pendant long-temps sans douleur locale, et il n'a pas hésité à attribuer exclusivement à la souffrance de ce tissu les fièvres intermittentes, toutes les ataxiques sans exception, et même la manie (2). » Or, cette opinion, qui plus tard servit de base à votre théorie des gastro-entérites, vous la combattiez alors, ce qui annonce au moins que vous la compreniez parfaitement; et si vous la trouviez fausse, n'y eut-il pas de l'inconséquence ensuite à vouloir que vos lecteurs rejetassent l'essentialité des fièvres, à l'appui de laquelle vous apportiez des preuves tirées de votre expérience?

L'amour de l'humanité et l'indignation vous ont fait écrire l'*Examen*. Quant à l'indignation, je le crois; mais c'était l'indignation produite par le silence des oracles de la littérature médicale, par celui des journaux de médecine, par l'indifférence des professeurs

---

(1) *Histoire des phlegmasies chroniques*, tom. II, 2ᵉ édit., pag. 7.

(2) *Idem*.

publics et particuliers. C'est donc en grande partie votre intérêt personnel; c'est le besoin de *crier*, après un long silence; c'est le désir de vous acharner contre tout ce qui n'avait pas été converti par un livre dont vous ne connaissiez pas encore vous-même l'importance, qui vous a mis la plume à la main. Cela résulte manifestement de vos paroles citées plus haut. Il y a bien aussi, il est vrai, l'amour de l'humanité, qui vous engagea à ne point adoucir vos critiques par des éloges, à vous élever contre une doctrine meurtrière, à flétrir ses fauteurs, etc. Étrange amour de ses semblables, que celui qui consiste à accabler la vieillesse et le savoir ! à bannir tout sentiment de reconnaissance ! à méconnaître jusqu'aux plus simples notions des convenances sociales ! Y a-t-il, je ne dirai pas de la justice, mais de la logique, de la raison, ou mieux du simple bon-sens, à faire un crime aux médecins, de ne pas connaître et adopter, avant la publication de l'*Examen*, ce que vous-même ne saviez pas, quelques mois auparavant, ou dont vous n'aviez encore fait confidence qu'à un petit nombre d'élèves particuliers?

Mais votre maître avait peut-être, par ses dédains, par d'injustes critiques, mérité le rude châtiment que vous lui avez infligé... Lorsque votre ouvrage parut, il s'empressa, au contraire, de proclamer que vous aviez rempli une lacune qui existait en médecine, relativement à l'histoire des phlegmasies (1). Il est vrai qu'il ajouta des restrictions à cet éloge ; mais s'il n'était pas convaincu de l'exactitude de toutes vos assertions, ces restrictions,

---

(1) *Nosographie philosophique*, tom. II, pag.   , 5e édit.

destinées à fixer l'attention du lecteur, à le prévenir contre des sentiments trop exclusifs, n'étaient-elles pas nécessaires ? L'amour de l'humanité vous fait rejeter une doctrine que vous aviez jusque là crue infaillible : il vous a fallu treize ans pour arriver à ce résultat, et vous exigez qu'à la première vue, à la simple lecture de votre ouvrage, non seulement on adopte vos opinions, mais qu'on les substitue à tout ce qui avait été professé jusque là, qu'on en fasse la base de l'enseignement public et particulier! De quel nom qualifier des prétentions de ce genre ? Vous avez, dites-vous, médité sur le sort des hommes qui ont découvert des vérités utiles au genre humain; et vous vous étonnez qu'aux premiers accents de votre voix une révolution ne se soit pas opérée dans la médecine ? Ou vous n'avez jamais sérieusement réfléchi à la lenteur avec laquelle procède l'esprit humain dans le perfectionnement des sciences, ou vous n'avez pu être autant surpris que vous le prétendez de l'abandon où vous avez trouvé votre doctrine.

Mais, encore une fois, en supposant que M. Pinel ait eu le tort irrémissible de n'avoir pas parlé de votre ouvrage avec assez de respect, d'enthousiasme et de vénération, cela vous autorisait-il à flétrir votre maître, à le présenter comme un homme qui, loin de servir l'humanité et d'illustrer sa patrie, n'a fait que torturer l'une et tourner l'autre en ridicule? En 1808, il était encore le père de la médecine clinique française (1); en 1816, il n'est plus qu'un classificateur qui place un bandeau sur les yeux de ses adhérents (2). Cette mé

----

(1) *Histoire des phlegmasies*, tom. II, 2ᵉ édition, pag. 6.
(2) *Examen*, 1ʳᵉ édition, pag. 394.

thode ou système, dont vous admiriez en 1803 les heureuses conséquences, ne nous paraît plus, écrivant le *premier examen*, qu'un objet de dérision (1), qu'un vague et futile encadrement de dénominations prétendues philosophiques (2).

Je supprime à dessein, et vous me saurez gré, j'espère, de cette restriction, une foule de phrases non moins virulentes, et qui, si elles vous eussent été adressées, n'auraient pas manqué d'exciter de votre part les clameurs les plus vives, les représailles les moins mesurées.

Je m'arrête ici, d'abord parceque l'époque à laquelle se rapporte la période de votre histoire que j'examine est déjà assez éloignée de nous ensuite, parceque la cause de M. Pinel est jugée par l'opinion publique, et que le temps, loin d'adoucir vos torts envers lui, semble les rendre au contraire incessamment moins pardonnables. Ce serait mal juger des hommes, que de supposer que, par l'effet des années, ce qui est injuste puisse un jour mériter leurs suffrages. Vous avez pensé que la postérité serait pour vous moins rigoureuse que les contemporains; je crois au contraire que dans le calme des passions, et lorsque rien ne viendra distraire les esprits de l'étude des faits, l'indulgence finira par disparaître pour faire place à l'inexorable vérité de l'histoire.

J'en ai dit assez, si je ne m'abuse, pour démontrer que vos procédés envers votre maître et envers vos confrères n'ont jamais été de nature à autoriser les

---

(1) *Idem*, pag. 6.
(2) *Idem*, pag. 375.

réclamations de respect et de reconnaissance que vous élevez incessamment. Mais que sera-ce si je démontre que ces réclamations sont sans fondement, et ont leur source unique dans une susceptibilité qui ne tolère ni observation, ni amendement, ni travail d'aucun genre sur la doctrine physiologique, excepté lorsque vous y êtes continuellement encensé; lorsque l'auteur vous y présente comme le principe et le terme de toute la médecine?

Mais, afin de procéder avec ordre, et d'éviter que vous puissiez m'accuser d'injustice, établissons, s'il vous plaît, quelques règles concernant la nature et les bornes de la critique littéraire. C'est vous-même qui allez me servir de guide. Suivant vous, les sciences sont une république, et par conséquent on y jouit du droit d'égalité. Toute critique fondée sur les opinions, les raisonnements, le style, et dans laquelle on n'attaque ni les mœurs ni la probité de l'écrivain, ni ses qualités comme homme privé, vous paraît permise. Il y a plus, vous la croyez utile aux progrès de la science, et vous vous applaudissez, avec raison, de n'avoir pas craint de vous y livrer souvent. Les assertions vagues, banales, non fondées sur les preuves, vous semblent seules devoir être proscrites, parcequ'elles sont toujours plus ou moins inexactes dans leur généralité, et qu'elles s'attachent à la totalité des ouvrages, au lieu de ne réfuter que celles de leurs parties qui sont vicieuses (1). Il résulte de là que, dans toute analyse d'un livre, il doit nécessairement y avoir, suivant les opinions de l'écrivain, une

____

(1) Voyez *Journal universel des sciences médic.*, tom. VIII, pag. 177, et *Examen des doctrines*, tom. II, pag. 713.

part pour l'éloge, et une part pour la discussion critique. Or, la part de l'éloge à accordée vos ouvrages vous a paru constamment trop restreinte, et celle de la critique, quelque modérée qu'elle fût, trop étendue. Justifions cette accusation par des faits.

En 1816 l'*Examen des doctrines médicales* parut ; ce livre produisit une vive sensation, et cependant personne n'en parlait. Il semblait qu'une ligue se fût organisée pour le laisser périr dans l'oubli. Un médecin alors s'en empare : il en développe les principes fondamentaux ; il expose tous les avantages que la doctrine qu'il renferme doit procurer dans la pratique, et les lumières nouvelles qui en résultent pour la théorie. Ce qui me frappe dans la nouvelle doctrine, disait alors M. Boisseau, c'est la sagesse avec laquelle l'auteur remonte à l'origine des états morbides, les fait naître du sein de la santé, en signale le premier degré, quelque fugace qu'il puisse être, en trace le développement, en désigne l'issue heureuse ou funeste, en décrit les nuances les plus fugitives ; la vérité avec laquelle il retrace les générations successives, les productions réciproques de ces lésions, leurs liaisons naturelles, l'influence que l'on peut exercer sur leur marche, en remontant habilement à l'organe primitivement lésé, à la connaissance de la lésion dont il est le siége et des causes qui l'ont produite (1). Dans tous ses autres articles, le même écrivain a insisté sur les services rendus par la localisation des maladies, par l'étude des nuances variées de leurs lésions, par la connaissance des effets sympathiques dont elles sont la source. Ces bases de la doctrine physiologique n'ont jamais été méconnues, ou contestées.

____

(1) *Journal universel de sciences médicales*, t. VII, pag. 58.

Mais après avoir fait une part si large et si complète à la louange, n'était-il pas permis à l'écrivain, fût-il même votre élève, de signaler avec une égale franchise les points qu'il ne croyait pas devoir adopter ; de demander sur les autres des explications; de faire des vœux pour que vous cessiez d'entremêler les personnalités aux raisonnements ? De quelle manière avez-vous accueilli ces observations ? Le critique s'était efforcé, suivant vous, aux endroits où il ne partageait pas votre opinion, de tromper les personnes inattentives sur ce que contient votre ouvrage; il avait, disiez-vous, l'art de contourner et d'embrouiller les points de la doctrine qu'il ne voulait pas faire connaître au lecteur. Toujours disposé à découvrir des offenses dans les observations les plus modérées, votre réponse fut une suite non interrompue de récriminations : ici, vous aviez été insulté ; là, on avait de perfides intentions; plus loin, on voulait déconsidérer votre ouvrage, etc. Une recherche inquisitoriale sur les intentions présumées du critique remplaça en grande partie la discussion scientifique, à laquelle chacun croyait que vous alliez exclusivement vous livrer (1).

Cet esprit de justice, c'est-à-dire un mélange d'éloges et de blâme, fondé sur l'examen attentif de votre doctrine, se retrouve dans tous les articles publiés jusqu'ici par M. Boisseau. Je ne crois pas m'être écarté des mêmes principes, et je vous serai obligé de signaler les critiques dont je pourrais m'être rendu coupable envers vous, sans les motiver par des faits ou des raisonnements physiologiques susceptibles d'en justifier l'exactitude. Jusqu'à ce que vous ayez répondu aux objections qui

---

(1) *Journal universel*, tom. **VIII**, pag. 129 à 190.

vous ont été faites, on sera autorisé à les considérer comme bonnes, et à penser qu'elles modifient, non la doctrine physiologique, dont les bases sont à peine posées, mais la doctrine que vous avez établie, et qui est, suivant vous, fixe et immuable comme la vérité.

De quel droit vous plaignez-vous des observations dont vos écrits sont l'objet? Si ces critiques sont justes, elles contribueront malgré vous à épurer la doctrine médicale qui naîtra des travaux de vos devanciers, de vous-même, et de quelques uns de vos contemporains; si elles ne reposent sur aucun fondement solide, le temps en fera inévitablement justice; mais, dans l'une et l'autre hypothèse, elles ne sauraient excuser ni vos emportements, ni votre intolérance, car elles ont été faites de bonne foi, et présentées suivant des formes que vous seul peut-être avez blâmées, parceque vous n'avez presque jamais su, dans les critiques dont vos opinions sont devenues l'objet, distinguer la franchise, l'indépendance et l'amour du vrai, de la passion, ou du désir de nuire.

Les partisans de la doctrine physiologique n'ont pas seuls été en butte à vos violences; tout ce qui a été publié depuis plusieurs années est devenu l'objet de vos attaques, ou a servi de base à vos prétentions. Permettez-moi de rappeler comment vous avez jugé quelques uns des ouvrages les plus remarquables dont s'est récemment enrichie la littérature médicale; nous pourrons apprécier ainsi quels exemples d'urbanité et de justice vous avez donnés, quels titres vous avez recueillis pour prétendre à des hommages que, du reste, on ne vous a jamais refusés, lorsqu'ils étaient justes.

En annonçant le *Manuel* de M. Martin, « Cet ouvrage, dites-vous, *est une compilation qui ne fait point avancer la science;* cependant on peut le lire comme une préparation aux recherches qu'on voudrait faire sur la peste (1). » La peste est donc, suivant vous, une maladie bien difficile à connaître, une affection bien différente des autres gastro-entérites, pour qu'il soit besoin de commencer son étude par la lecture d'un mauvais livre. En parlant de l'ouvrage du docteur Georget, vous supprimez d'abord une partie du titre, puis vous en parlez comme s'il ne contenait que de la physiologie, ce qui démontre que vous ne l'aviez pas même parcouru (2). Cependant, après une réclamation du libraire, vous dites : « Deux volumes sur la physiologie du système nerveux annoncent une fécondité qui s'alimente par des hors-d'œuvre..... M. Georget, en traitant des maladies, *s'est montré moins obscur, moins vague, moins diffus, moins incorrect et déclamateur que dans la Physiologie* (3). » Je ne rapporterais pas ce jugement si le livre de M. Georget n'avait été, malgré votre anathème, accueilli des praticiens avec la plus honorable distinction. Comment caractériserez-vous ces jugements, dénués de preuves, de discussion, et qui s'appliquent à l'ensemble d'ouvrages dans lesquels vous ne contesterez pas qu'il y ait de bonnes, d'excellentes choses?

Voulez-vous quelques exemples de cette politesse dont brillent les *Annales ?* « Les lecteurs se rappelleront, dites-vous, un certain critique aussi fourbe que superficiel, qui croyait devoir nous apprendre que la goutte peut éclater sans avoir été préparée par une inflamma-

____

(1) *Annales*, cahier de juin 1822, pag. 5 des *Annonces*.
(2) *Annales*, avril 1822, pag. 5.
(3) *Idem*, juin, pag. 6.

tion des voies digestives (1). »'Et ce critique est de tous nos écrivains celui qui a rendu la plus éclatante justice au mérite du *Second examen*, qui a le plus insisté sur votre talent pour la discussion, qui a le plus contribué à faire connaître, à propager et à défendre la saine doctrine physiologique. En parlant du mémoire de M. Collineau, vous établissez que la question des fièvres ne peut plus être mise en doute, et qu'elle est résolue d'une manière tout opposée à celle dont M. Collineau l'a envisagée. Il y a ici, ajoutez-vous, ignorance des faits et des lois physiologiques, ou flatterie *spéculative* des corps savans : que l'auteur choisisse (2). » L'auteur a dû sans doute être charmé de cette latitude. Il n'y aurait pas eu de mal à offrir le même avantage à MM. Lerminier et Andral, qui ne doivent, dites-vous, qu'à votre doctrine ce qu'il y a de bon dans leur ouvrage (3). S'agit-il de M. Audouy? Quoiqu'il ne connaisse pas suffisamment la nouvelle doctrine, il lui a emprunté, dites-vous, ce qu'il y a de meilleur dans son opuscule (4). M. Collin fait, suivant vous, parade de l'ontologisme : « *Il avait*, dites-vous ensuite poliment, *ses modèles, ses patrons : il leur devait cet hommage* (5).

« Nier la nécessité du système nerveux pour la production des sympathies chez l'homme, c'est dire qu'un membre dont on a coupé les nerfs peut sentir et se mouvoir; c'est dire une absurdité : M. F. aurait mieux

---

(1) *Annales*, juin 1823, pag. 3.
(2) *Idem*, pag. 20.
(3) *Idem*, pag. 26.
(4) *Idem*, pag. 33.
(5) *Idem*, mars 1824, pag. 4.

fait de se taire (1). » Tel est le jugement que vous portez sur un excellent mémoire de M. Fodéra. J'ose appeler de cette condamnation, un peu leste pour un homme qui fait autant que vous profession de justice. Les sympathies en effet, suivant l'acception plus ou moins étendue que l'on donne à ce mot, peuvent être expliquées de diverses manières. Soutenir que les nerfs sont inutiles à la manifestation des phénomènes qui les constituent, c'est avancer peut-être une erreur, mais ce n'est pas dire qu'un membre puisse sentir et se mouvoir après la section de ses nerfs ; ce n'est pas dire une absurdité. Plusieurs médecins célèbres ont partagé l'opinion soutenue par M. Fodéra. L'équité vous faisait donc un devoir de discuter ses preuves au lieu de flétrir son livre (2). Des idées analogues à celles de M. Fodéra, se retrouvent d'ailleurs dans le mémoire de M. Dutrochet, où vous leur avez presque accordé des éloges (3).

Vous savez mieux que personne, monsieur, combien il me serait facile d'accumuler un grand nom-

---

(1) *Idem*, août 1824, pag. 20.

(2) Les causes des deux genres de sympathies organiques, dit Bichat, sont absolument inconnues; un voile épais recouvre les agents de communication qui lient dans ce cas l'organe d'où part l'influence sympathique à celui qui la reçoit (*Anat. génér.*). Nos connaissances sur les sympathies se bornent, jusqu'à présent, à savoir moins ce qu'elles sont que ce qu'elles ne sont pas (Adelon, *Physiologie de l'homme*). Je pense avec M. Broussais que la question est actuellement résolue, mais la vérité de cette solution n'est pas tellement évidente qu'il y ait de l'absurdité à y revenir et même à soutenir une opinion contraire.

(3) *Idem*, août 1824, pag. 1.

bré de citations de ce genre; mais j'en fais grâce au lecteur : ce que j'ai dit suffira pour lui faire apprécier le ton de votre critique. Deux choses se rencontrent généralement dans vos analyses : la première consiste à accuser l'auteur d'avoir pris tout ce que son livre renferme de bon dans la doctrine physiologique; la seconde est que tout ce qui s'écarte de vos idées doit être considéré comme absurde, comme l'œuvre de la mauvaise foi, de l'adulation, du désir d'obtenir des places, du besoin de complaire aux puissants ennemis dont votre imagination vous représente incessamment les fantômes. Je ne parle pas des mots fausseté, perfidie, présomption, impertinence, qui s'échappent fréquemment de votre plume. L'auteur diffère-t-il de sentiment avec vous, et donne-t-il des preuves de son opinion, ses remarques sont insidieuses, pour ne rien dire de plus; le désir de déprécier est le seul qui l'anime. Telles sont, monsieur, les formes aimables et polies dont vous faites usage pour combattre les erreurs des médecins qui ne partagent pas toutes vos théories. Mais c'est surtout en répondant aux objections qui vous ont été faites que vous vous surpassez. Vos critiques sont des spéculateurs qui se jettent dans les subtilités, dans les sophismes, dans les chicanes du procureur, et descendent même jusqu'au sarcasme et à l'injure...; *ce qui les déshonore sans retour aux yeux des personnes sensées* (1).

Tel est, monsieur, le ton dont vous faites un constant usage. Et ne dites pas que les annonces dont je viens de parler ne sont pas de vous: on y reconnaît de toutes parts l'empreinte de votre style; souvent vous y

____

(1) *Annales*, juin 1823, pag. 15. (Annonces.)

discutez en votre nom, toujours vous en revoyez, vous en corrigez les épreuves, et vous sanctionnez par là ce que vous n'effacez pas. C'est donc à vous qu'il faut reprocher ce qu'elles renferment d'inconvenant, d'injurieux pour les auteurs, d'inutile pour la science. Qu'est devenue cette promesse si solennellement faite de vous borner au ton d'une discussion modérée (1)? Qu'est devenue cette extrême délicatesse qui vous fit ajouter la note suivante à une lettre insérée dans les *Annales* : « Il y a de l'aigreur dans ce mot (j'avais dit qu'une grande *sagacité* n'était pas nécessaire pour bien comprendre un passage de mon livre, défiguré dans votre journal); il y a de l'aigreur dans ce mot; je l'imprime à regret; et je prie mes confrères de ne pas m'exposer à leur refuser l'insertion de semblables passages (1). » Vos lecteurs étaient cependant alors déjà familiarisés avec les aigreurs de tous les genres, et, depuis cette époque, vous ne leur avez pas laissé perdre l'habitude d'en rencontrer dans vos écrits.

Mais ce serait une faible peccadille aux yeux de quelques personnes, pour vous trop indulgentes, que d'avoir exagéré un grand nombre de vos critiques, si vous n'aviez commis aucune injustice. Ce dernier tort ne vous a pas manqué. Vous présentez le livre, d'ailleurs estimable de M. Blaud, sur la laryngo-trachéite, comme un de ceux qui ont éclairé quelque point de la science; vous lui reconnaissez le mérite d'avoir démontré la nature inflammatoire du croup, et appliqué à cette maladie les lois d'une physiologie plus naturelle

---

(1) *Prospectus des Annales,* pag. 4.
(1) *Annales,* tom. **I**, pag. 261.

que les théories grossières dont on avait fait usage pour expliquer ses symptômes (1). Or ce travail, dont vous attribuez l'honneur à M. Blaud, avait déjà été exécuté par M. Desruelles (2), et par l'auteur de l'article *croup*, du *Dictionnaire abrégé des sciences médicales*. Ces médecins, ainsi qu'on peut s'en convaincre en lisant leurs écrits, avaient fait une application plus complète et plus pure que M. Blaud des principes de la physiologie à l'histoire du croup, et vous n'en parlez pas. Vous faut-il un autre exemple de l'injustice avec laquelle vous distribuez à chacun sa part de gloire ? En 1823, M. D. publie un ouvrage médiocre sur la maladie de la croissance : « L'auteur, dites-vous, démontre comment l'exaltation de l'action vitale qui préside au développement des organes se convertit en irritations morbides des tissus ; et comment on peut faire servir l'une de préservatif ou de remède contre les autres (3). Ces idées nous semblent neuves et fécondes. Quelle raison aviez-vous pour porter ce jugement, alors que le *Dictionnaire abrégé* nous était connu, et que vous saviez, puisque vous lui avez consacré un article dans votre journal, que les idées dont il s'agit s'y trouvaient consignées (4).

Il résulte de ces faits que, sans examen, sans réflexion, sans même avoir pris une connaissance entière de l'his-

---

(1) *Annales*, décembre, 1823, pag. 9.

(2) *Traité théorique et pratique du croup, d'après les principes de la doctrine physiologique*, in-8°, Paris, 1821. Ce livre estimé est à sa seconde édition, Paris, 1824, in-8°.

(3) *Annales*, janvier 1823, pag. 20.

(4) *Dictionnaire abrégé des sciences médicales*, tom. I, art. ACCROISSEMENT.

toire des faits, vous rendez vos oracles, et décidez presque au hasard les questions de priorité les plus ardues.

Quant à vos adversaires, à ceux qui se rendent coupables d'une opposition réelle à votre système, vous les accusez sans scrupule d'entêtement, d'indifférence pour la vérité, de barbarie dans leur pratique. Un médecin ontologiste est devenu à vos yeux un fléau destructeur. Si l'on adoptait à la lettre ces exagérations, il est manifeste que l'on bannirait tous les médecins qui ne sont point physiologistes. Vous ne dites pas seulement, Nul n'aura d'esprit, mais encore, nul n'aura de malades, nul ne sera digne de la confiance publique que moi et mes amis.

Cette conduite est contraire aux intérêts de la vérité, en ce qu'elle tent à la revêtir de forme acerbes qui la font méconnaître. Elle est contraire aux règles les plus simples de la philosophie et de la logique, en ce qu'elle vous fait accabler d'épithètes injurieuses les hommes dont la conviction n'a pas encore changé. Ne savez-vous pas que la conscience du médecin chargé de la vie des hommes est un rempart fermé à toute investigation? Il ne doit compte à personne sur la terre des motifs qui le font croire, qui lui font adopter telles opinions, telles pratiques. L'indignation et l'amour de l'humanité déterminent, guident votre plume; pourquoi, je vous prie, les mêmes sentimens ne pourraient-ils animer vos adversaires? La raison doit guider l'impulsion que détermine. les plus honorables motifs; sans cela on verrait par amour de l'humanité les hommes se persécuter, se proscrire et s'égorger entre eux. Si des médecins refusent d'adopter et d'enseigner publiquemeer vos opinions, vous devez supposer que c'est parceque leur conscience n'est pas encore assez éclairée, et redoubler d'efforts pour les entourer de tant de preuves, de tant de faits, que leur conviction cède enfin. En agissant ainsi, vous servirez mieux et la doctrine physiologique, et l'humanité, et vous-même, qu'en persistant dans la voie que vous avez suivie jusqu'ici. Les déclamations et les injures n'ont jamais converti personne.

Maintenant que j'ai fait connaître vos formules de critique, dites-moi, je vous prie, de quel droit et à quel titre vous vous plaignez des observations et des remarques dont vos ouvrages ont été l'objet? « Avez-vous donc le droit exclusif de la critique ? Ne devez-vous pas vous attendre à être frappé de la même verge dont vous avez coutume de fustiger vos confrères ?... Vous avez beau crier, jamais les hommes désintéressés ne condamneront une critique judicieuse, uniquement dirigée contre la doctrine, le raisonnement et le style. Prouvez-moi que la mienne a été injuste, et je passe condamnation; *væ victis !* » Telles sont les paroles dont vous vous serviez pour justifier les attaques dont M. Pinel avait été l'objet dans l'*Examen* (1) ; pourquoi ne les rétorquerait-on pas contre vous? Lors même que vous auriez des plaintes à proférer contre les objections qui ont été opposées à votre doctrine, il serait bon de vous en abstenir. Vous avez donné l'exemple de l'égalité littéraire, subissez-en les conséquences.

Poursuivons, monsieur, les considérations qui sont l'objet de cette lettre. Vous avez dit plusieurs fois que votre seul désir était de voir vos principes discutés, épurés, étendus à toute la pathologie, et nous venons de voir comment vous supportez la discussion. Dans vos *Annales*, à l'occasion des ouvrages de MM. Lemaire,

----

(1) *Journal universel*, tom. **VIII**, pag. 177.

Rostan , Patissier, et autres, vous faites des vœux pour que des médecins physiologistes s'occupent de l'hygiène, des maladies des dents, des affections des voies urinaires, des maladies des artisans, de la matière médicale, etc. D'après les réclamations que vous élevez sans cesse, il est permis de penser que vous ne seriez pas fâché de voir ces objets traités par quelques uns de vos disciples , afin de pouvoir crier au plagiat, et, à la faveur de ce mot, vous attribuer la gloire de leurs travaux. Cette tactique commence à vieillir; vos insinuations ne sont qu'un piége, une sorte de guet-apens littéraire, dans lequel ne tomberont aucun des hommes qui aiment le repos et ne veulent pas s'exposer à vos coups. S'ils étaient assez aveugles pour se laisser persuader, on les verrait bientôt figurer dans la catégorie des pillards de votre doctrine. Mais s'ils avaient l'audace de vouloir apporter quelques modifications à vos idées, et de ne pas rendre un hommage respectueux aux fanatiques qui vous entourent, leur crime serait irrémissible. Cependant, personne, pas même Bichat, n'a été aussi souvent cité que vous ; aucun médecin n'a peut-être trouvé encore, de son vivant, des confrères qui lui aient rendu d'aussi éclatans hommages que ceux que vous avez reçus pour ce qu'il y a de bon dans vos travaux.

L'honnête praticien qui s'efforce de me répondre dans votre journal prétend que vous n'avez pillé personne, parceque vous avez dit, dans une de vos préfaces: «Bichat, Chaussier, tels sont les riches propriétaires qui m'ont fourni le terrain sur lequel j'ai construit l'édifice qui va paraître.» Vous croyez être quitte envers vos prédécesseurs en citant dans le coin d'une préface Bichat et M. Chaussier, et vous réclamez avec hauteur lorsque votre nom se trouve inscrit sur le titre des livres, lorsqu'on dit que ce qu'ils contiennent de bon vous appartient (1), lorsque vous y êtes cité à toutes les pages ? En invoquant Bichat et M. Chaussier, vous croyez avoir fait assez. Haller, Bordeu, ne vous ont donc rien fourni ; vous n'avez rien emprunté à leurs travaux ? Vous ne devez rien, en médecine-pratique, à Sydenham, et aux bons observateurs de tous les temps ? Autrefois vous disiez, avec naïveté, que votre médecine était celle de nos pères, éclairée par les lumières de la physiologie, et que si vous ne les aviez pas cités, c'était afin de ne point étaler un luxe inutile d'érudition : aujourd'hui, vous ne devez plus rien qu'à deux propriétaires très riches, il est vrai, mais qui, d'après ce qui s'est déjà passé, ne doivent pas être très sûrs de la solidité de leur créance.

L'honnête praticien qui s'est bénévolement chargé de plaider votre cause assure que, depuis long-temps, les envieux s'écrient que votre doctrine est tout entière dans les anciens auteurs. « Qu'ils nous la montrent, dit-il, extraite textuellement de leurs ouvrages ! nous les en supplions à mains jointes ; qu'ils nous la montrent ! » L'invitation est pressante, et je suis désolé de laisser votre champion dans la situation gênante où il se place pour me supplier. Mais je ne puis actuellement que répéter ce que j'ai déjà eu l'honneur de vous dire. Je réitère donc ici la promesse de répondre à l'état des prétendus plagiats dont vous ne cessez de vous plaindre, par une liste quatre fois plus considérable de choses empruntées par vous à vos prédécesseurs ou à

---

(1) *Principes généraux de physiologie pathologique*, Introd., pag. VIII.

vos contemporains, non sans les citer, mais en les présentant comme de vous. Votre honnête praticien veut que l'on montre la doctrine *textuellement* extraite des anciens auteurs; il ne sait donc pas qu'un homme comme vous peut prendre une idée, et même l'étendre ou la féconder, mais qu'il ne copie pas des phrases. Si vous acceptez, au reste, l'espèce de défi que j'ose vous proposer, travaillez à votre réclamation; si vous ne voulez point y répondre, gardez le silence; mais, dans l'un et l'autre cas, ne me faites adresser d'injures par personne : cette conduite n'est pas digne de vous. Vous êtes encore éloigné de ce degré de puissance qui vous permettrait d'imiter quelques uns des derniers Césars, et de livrer aux bêtes les hommes qui vous déplaisent.

Qu'il me soit permis de dire quelques mots encore sur le pillage prétendu dont vous assurez être la victime. Je regrette d'arrêter si long-temps votre attention sur ce point; mais il est d'une haute importance, et je trouverai grâce à vos yeux, si vous considérez que depuis sept ans vous en entretenez le public, et que les discussions de ce genre doivent enfin avoir un terme.

Vous prétendez avoir été pillé; et par qui? par des personnes qui vous ont opposé des objections jusqu'à présent non résolues; par des médecins qui, éloignés depuis plusieurs années de vous et de vos cours, n'ont pu, d'après vous-même, que deviner les vérités que vous enseignez, et inventer une doctrine physiologique qui n'est pas la véritable (1). Vous vous plaignez d'a-

---

(1) *Annales*, tom. **VI**, pag. 522.

voir été pillé; et les hommes que vous accusez de cette action vous prouvent évidemment, suivant l'honnête praticien des *Annales*, par leurs ouvrages, par leurs actions, par leurs consultations rédigées, par les registres où sont inscrits les médicaments qu'ils ont prescrits à leurs malades, qu'ils n'ont jamais compris cette doctrine, qu'ils n'ont jamais agi d'après elle, et que toujours ils l'ont outragée (1). Vous vous plaignez d'avoir été pillé; et à quelle époque? alors que votre pathologie n'est point encore publiée et que vous récusez les jugements qu'on en porte, jusqu'à l'entier développement de vos preuves. Accordez-vous donc avec vous-même! Si l'on vous pille, convenez au moins que ceux dont vous parlez connaissent votre doctrine, la comprennent et ne la calomnient pas; car, enfin, le moyen de faire adopter le fruit de son pillage n'est pas de le déprécier. Si l'on vous pille, ne vous plaignez pas qu'on élève contre votre doctrine des difficultés de procureur; ne vous plaignez pas de la voir être l'objet de discussions publiques, d'amendemens et d'objections; car on ne pille pas lorsqu'on cite ce qu'un auteur a écrit, et que l'on démontre que ses assertions ne sont point exactes.

Mais j'oubliais que tout ce qui paraît sur la médecine physiologique vous appartient. Physiologique, dans votre langage, veut dire émané de M. Broussais. Je n'ai point oublié ce mot que l'on prête à l'un de vos adeptes : « Il est impossible, disait-il, d'écrire quelque chose sur l'application de la physiologie à la médecine qui ne doive être rapporté au maître, parcequ'il l'a

---

(1) *Annales*, juin, 1825, pag. 14.

déjà écrit ou dit, ou qu'il le dira plus tard et l'écrira.»
Ainsi, en appliquant la nouvelle doctrine à la chirurgie, je vous ai pillé, puisque vous aviez dit que la
médecine physiologique exercerait une grande influence
sur la théorie et le traitement des maladies chirurgi-
cales (1). Il est clair que dans cette proposition se
trouve mon livre tout entier. Je m'étonne que l'honnête praticien qui énumère mes titres à la gloire n'ait
pas placé cet ouvrage au nombre des compositions dont
il me fait honneur. Dans une *Pyrétologie* dont deux
éditions sont presque épuisées, M. Boisseau a rallié
aux principes d'une saine physiologie l'histoire des
fièvres, dont vous n'avez jamais esquissé que les princi-
paux caractères (2); il n'a fait sans doute qu'une compilation, car enfin compiler veut dire actuellement
prendre et rassembler ce qui n'a point encore été écrit.
C'est dans ce sens seul qu'on peut dire d'un écrivain
qu'il *compile des principes* puisés dans la doctrine
physiologique.

Jusqu'ici on avait pensé que les théories émises dans
les livres, professées dans les cours, devaient être con-
sidérées comme devenues publiques. Je croyais, en
achetant les quinze ou seize volumes dont se composent
actuellement vos œuvres, ou que du moins vous avez
vendus, je pouvais parler librement de ce qu'ils contiennent, et par conséquent de la doctrine physiologique, dont les bases peuvent y tenir fort à l'aise. Ma

---

(1) *Application de la doctrine physiologique à la chirurgie*,
Paris, 1825, in-8°.

(2) *Pyrétologie physiologique*, 2ᵉ édition, Paris, 1824,
in-8°.

conscience, je l'avoue, était, sous ce rapport comme sous tous les autres, parfaitement tranquille ; et bon nombre de *citoyens honnêtes* ont peut-être partagé ma crédule simplicité. Je savais bien, il est vrai, que vous aviez averti le public de l'inconvenance dont vos élèves se rendraient coupables s'ils vous devançaient dans la publication de vos opinions ; mais en partant des bases établies par Haller, Bordeu, Bichat, et vous-même, et en publiant le fruit de mes réflexions, je pensais être à l'abri de tout reproche. Votre honnête praticien vient de m'arracher brusquement à ma sécurité. « La doctrine physiologique, dit-il, *est la propriété de M. Broussais, et les auteurs du Dictionnaire abrégé des sciences médicales l'exploitent sans l'aveu de son inventeur* (1). Quel crime abominable ! . . . . sans l'aveu de son inventeur, dont elle est la propriété ! . . . . Et c'est vous qui laissez publier cela ! *Vos yeux, que l'amour de l'humanité avait tenus si douloureusement fixés sur les dépouilles froides et lugubres des morts,* ont lu ce passage ! l'esprit *dont les réflexions profondes ont détruit le faux et fait connaître le vrai* a sanctionné une telle phrase ! *La plume éloquente*, enfin, *qui a tracé les préceptes dont l'humanité se réjouit,* a peut-être corrigé sur ces mots quelque faute typographique et ajouté à la rudesse de leur expression ! Ainsi donc, on n'en peut plus douter, vous êtes l'inventeur, et, qui plus est, le propriétaire de la doctrine physiologique. Il est maintenant défendu d'écrire sur elle sans votre aveu ; chacun doit se tenir pour averti. Il fallait, monsieur, faire connaître plus tôt vos droits, on les eût

---

(1) *Annales,* tom. VI, pag. 528.

respectés; il fallait vous pourvoir d'un brevet d'invention, nous serions allés vous demander des licences, nous aurions sollicité de vous la permission d'appliquer des sangsues, d'appeler fièvres essentielles des gastro-entérites.

Je vous demande pardon de traiter légèrement de pareils sujets, mais il faut ou rire ou s'indigner de voir un médecin philanthrope, un des praticiens les plus illustres de la France, prétendre que la véritable médecine est sa propriété, et imposer à ses confrères l'obligation de lui demander un aveu pour éclairer la théorie de notre art, et presque pour guérir leurs malades. Le public n'oubliera de long-temps cette qualité de propriétaire dont vous réclamez aujourd'hui les droits.

L'honnête praticien qui se charge si facilement de répondre aux personnes qui ne lui adressent pas la parole présente avec vous cette conformité, qu'il aime à citer l'histoire des personnages illustres. Vous aviez prévu, jadis, que vous pourriez être persécuté, comme tous les grands hommes qui ont éclairé leurs concitoyens, et vous avez bravé cette crainte avec d'autant plus de sécurité, que les persécutions ne sont plus de mode. Votre champion, avant de prendre la plume, a comme vous relu l'histoire de ces grands hommes, et vous vous laissez sans difficulté placer au milieu d'eux dans les *Annales*. Il y a plus, vous laissez comparer vos adversaires à des Zoïles, ce qui n'est ni poli ni juste. Chacun admettra facilement le premier point; je vais essayer de démontrer le second.

Dites-moi, je vous prie, quelle partie de vos travaux a été méconnue? Tous les hommes sages, et j'ose croire que parmi eux se trouvent les médecins qui sont aujourd'hui l'objet de votre animadversion, tous les hommes sages, dis-je, n'ont-ils pas applaudi à la révolution opérée dans la doctrine des fièvres? n'ont-ils pas constamment loué l'application de la physiologie à l'étude des affections morbides, à l'appréciation des effets des médicaments? n'ont-ils pas proclamé l'immense service que vous avez rendu en localisant les maladies, en perfectionnant l'histoire des phénomènes sympathiques, en étudiant mieux qu'on ne l'avait encore fait l'irritation dans tous les tissus, dans tous les organes, en montrant de quelle manière ce phénomène produit une foule de résultats divers? en un mot, les avez-vous trouvés tièdes lorsqu'ils ont loué ces grands principes, qui sont la base de la nouvelle doctrine? Et si leur conduite a été telle, de quel droit ose-t-on, dans vos *Annales*, avancer qu'ils ont voulu vous déshonorer et vous ravir le fruit de vos travaux.

Il est vrai que la justice les a portés à rendre hommage aussi à vos devanciers; mais ils ont ajouté que vous étiez digne d'éloges et non de blâme, pour avoir su extraire d'auteurs jusque là trop négligés une doctrine utile à l'humanité. C'était, suivant vous, tout ce que les hommes intéressés au bien général pouvaient dire alors pour votre justification, à moins de comparer dogme pour dogme la doctrine physiologique avec celle de ces écrivains (1). Pourquoi ne vous contentez-vous plus de ce qui vous paraissait suffisant il y a quelques années? L'appétit vient en mangeant, dit le peuple; mais ce proverbe ne devrait pas pouvoir vous être applicable.

Je dois avouer encore que vos premiers élèves n'ont

---

(1) *Journal universel,* tom. XIX, pag. 56.

jamais fait confidence au public *de ce qu'ils avaient reçu du ciel des cœurs justes, affectueux, reconnaissants ; jamais ils n'ont dit qu'ils étaient heureux de vous admirer, de vous le dire, de vous l'écrire, de vous témoigner, autant qu'il était en eux, la reconnaissance dont les ont pénétrés vos savantes leçons, en vous faisant hommage de la gloire qui vous revient pour tout le bien qu'ils ont fait, pour toutes les douleurs qu'ils ont adoucies, en suivant les préceptes que vous leur avez donnés.* Ce langage n'était pas de mode à la naissance de l'école physiologique ; il n'était venu à l'esprit de personne de vous transformer en idole, de se prosterner à vos pieds, de vous adorer. Si j'ai bonne mémoire, à votre retour de l'armée, lorsque vous étiez entouré d'une foule d'anciens aides-majors, placés sous vos ordres, et par là devenus vos disciples à l'hôpital d'instruction du Val-de-Grâce, un semblable langage vous eût étonné ; je crois même que vous l'auriez pris pour une mystification.

Mais autre temps, autre coutume. Il est possible que tout ait changé dans l'enceinte où, placé à notre tête, vous préludiez aux grands changements qui se sont opérés en médecine. Vous devez alors faire part de ces mutations à vos anciens collaborateurs : dites-leur franchement si vous condamnez à passer pour des Zoïles tous ceux qui ne vous rendront pas les honneurs divins ; ne vous gênez en aucune manière, il ne s'agit que de vous expliquer, et chacun prendra son parti : on achètera du bronze, et on fera couler la statue.

Arrivé à la fin de la carrière que je me suis proposé de parcourir, j'ai à peine le courage d'entretenir le public de moi. Le désir de défendre une foule d'hommes honorables qui sont depuis plusieurs années en butte à vos continuelles attaques; le besoin de vous adresser encore une fois le langage austère, mais juste, de la vérité; le dirai-je? l'espérance vague de vous faire renoncer à l'emploi de ces personnalités qui irritent sans convaincre, tels sont les motifs qui m'ont guidé et soutenu dans cette entreprise. Mais quelle utilité trouverai-je à démontrer qu'un honnête praticien des *Annales* s'est complètement trompé dans ses critiques à mon sujet? Mon article sur le catéchisme est inséré dans un des journaux de médecine les plus répandus; votre livre, sans avoir eu un brillant succès, est entre les mains de beaucoup de personnes; le public peut juger de l'exactitude de mes remarques. Serais-je offensé de ce que votre champion prévient le lecteur qu'il y a dans mon article des citations inexactes et même tout-à-fait fausses? Non; car dans vingt et une pages il aurait eu de l'espace pour relever une de ces faussetés, et il ne l'a pas fait, ce qui démontre qu'il n'en a réellement point trouvé. Dois-je répondre à cette observation, que le principal moyen d'attaque employé par moi contre le *Caté-chisme* consiste à isoler certains passages, pour ensuite vétiller sur des expressions dont le vrai sens ne peut être déterminé que par ce qui suit ou ce qui précède? Non encore: car il est évident que je ne pouvais copier l'ouvrage dans mon article, et qu'il m'a bien fallu ne citer textuellement que les passages sur lesquels devaient reposer une critique de détail. Ce mécanisme est celui que tout le monde emploie, celui dont vous avez toujours fait usage; et votre honnête praticien, dans les deux ou trois analyses qui ont révélé son nom au public, n'a pas procédé autrement.

Il paraît constant que vous avez composé un ouvrage

de médecine populaire. Que vous ou un autre soyez coupable de cette œuvre, j'ai pu dire ce qui m'a semblé vrai de son inutilité, de ses dangers, du peu d'honneur qu'elle fait à son auteur. J'ai usé en cela de mon droit; j'ai rempli la tâche imposée à tout écrivain qui se charge de dire sa pensée aux abonnés d'un journal sur les ouvrages qui paraissent. Qu'importe maintenant à la science qu'un honnête et obscur praticien m'accuse, sans raison valable, d'avoir erré dans ma critique? Toutes les pièces du procès sont publiées; les hommes instruits jugeront entre lui et moi, et dans quinze jours il ne s'agira plus de ce débat. Deux ou trois observations suffiront donc pour démontrer le vide de la prétendue réponse qui m'est adressée.

Votre praticien s'exprime ainsi : M. Bégin trouve moyen d'accuser l'auteur qu'il veut réfuter, parceque celui-ci avance que le *sang et la lymphe se précipitent dans les parties affectées d'inflammation scrofuleuse*. J'en demande pardon au praticien des *Annales*, mais il altère matériellement ici le *Catéchisme* et mon article, ce qui n'est point honnête. Rétablissons d'abord le passage du livre. Le voici : « La seule impression du froid peut aussi déterminer les scrofules (1); par exemple lorsque, après avoir éprouvé un refroidissement douloureux dans les doigts, dans les pieds, les scrofuleux se hâtent de réchauffer ces parties, ou lorsqu'elles restent long-temps couvertes de vêtements humides qui se dessèchent aux dépens de la chaleur du corps : dans

---

(1) Le savant vient de demander si les scrofules ne viennent jamais que par suite de coups aux articulations, et c'est le jeune médecin qui lui répond dans le paragraphe cité.

tous ces cas le sang et la lymphe s'y précipitent; et, comme cette dernière prédomine, l'inflammation ne tarde pas à revêtir la forme *strumeuse*, car strumeux est synonyme de scrofuleux et d'écrouelleux (1).» Il y a bien là un sens clair, fini, complet; le passage n'est point tronqué. Voyons le jugement que j'ai porté sur l'ensemble de la doctrine renfermée dans le chapitre, et sur ce passage en particulier. « L'auteur du *Catéchisme*, ai-je dit, se met du reste aisément à la portée des personnes les moins habituées au langage médical moderne. Dans la théorie des scrofules, la lymphe joue fréquemment le rôle principal; cette humeur se porte sur certaines parties, les gonfle, les fait suppurer, etc. Lorsque, dit-il, les scrofuleux, après un refroidissement douloureux, se hâtent de réchauffer les parties affectées, ou qu'ils laissent sécher sur elles des vêtements humides, le sang et la lymphe s'y précipitent, et, comme celle-ci prédomine, l'inflammation ne tarde pas à revêtir la forme strumeuse, car strumeux est synonyme de scrofuleux et d'écrouelleux. Le *Catéchisme*, ajoutais-je, contient un grand nombre de définitions aussi remarquables. Suivant cette théorie, c'est moins la texture et le mode d'irritation des parties affectées, que la précipitation sur elles du sang et de la lymphe qui détermine les maladies scrofuleuses : ni ce langage, ni ces principes ne sont, quoi qu'on puisse dire, conformes à une saine physiologie (2). »

Le passage du livre est-il analysé avec exactitude,

---

(1) *Catéchisme*, pag. 181 et 182.

(2) *Journal complémentaire du dictionnaire des sciences médicales*, tom. **XIX**, pag. 83 et 84.

c'est-à-dire en ai-je reproduit l'esprit et le sens? voilà ce que doit juger le lecteur. Quant à ma réflexion sur la théorie de l'auteur, je l'abandonne pour ce qu'elle vaut.

Le praticien des *Annales* prétend que vous lui avez appris d'où provient le surplein du sang qui, après avoir gorgé les viscères pendant le frisson des fièvres intermittentes, est ensuite refoulé vers la peau. « Quand un organe est irrité, dit-il, le nombre et la force des contractions du cœur sont augmentés. Par suite de cette augmentation, une plus grande quantité de sang parvient dans les organes; le système veineux, devenu moins plein, peut recevoir plus facilement les fluides que lui apporte l'absorption; ces fluides, traversant plus rapidement le poumon, sont plus promptement changés en sang, et fournissent le surplus demandé. » Voilà certes une théorie ingénieuse, et je n'aurais pas manqué d'en faire mention dans mon article, si elle s'était trouvée dans le *Catéchisme*. Votre savant l'aurait fort goûtée; mais moi je me permettrai de vous demander sur quelle preuve, c'est-à-dire sur quels faits, sur quelles observations susceptibles d'être vérifiées, vous avez construit ce fragile édifice, et, par la même occasion, je vous supplie d'ajouter comment ce surplein, une fois produit, se dissipe, et comment ce mécanisme peut se reproduire dans l'économie toutes les soixante-douze, les quarante-huit ou même les vingt-quatre heures, pendant des mois entiers. Jusque là je m'obstinerai à ne voir dans la confidence que vous avez faite à votre adepte qu'une hypothèse de plus ajoutée à celle que renferme le *Catéchisme*. La théorie présentée dans cet ouvrage est en effet hypothétique, puisqu'elle repose sur des suppositions et qu'elle est dépourvue de preuve; elle doit être appelée mécanique, par la raison que l'on ne saurait donner un autre nom au reflux du sang à l'extérieur, produit par le trop plein des viscères, et les contractions trop fortes du cœur, en tenant compte toutefois du jeu des sympathies.

L'honnête praticien qui embrasse votre défense oublie que, dans mon article, j'analysais le *Catéchisme* ; que je n'étais pas entièrement sûr que vous en fussiez l'auteur, et que je devais exposer et critiquer, s'il y avait lieu, les opinions renfermées dans ce livre, telles qu'elles s'y trouvent, et non les expliquer par celles que vous avez consignées ailleurs. L'ouvrage est destiné aux gens du monde ; pourquoi ne pas vouloir que j'en montre les défauts aux médecins ? Votre champion demande par quelle raison je repousse les explications mécaniques ; il ne croit pas que ce soit par ignorance, et vous lui permettez d'insinuer que ce pourrait bien être par un motif honteux ou méprisable ; ce qui, malgré votre délicatesse, se rapproche fort de la calomnie. Vous êtes allé tous deux chercher bien loin ce qui devait vous frapper immédiatement. Nourri de la lecture des écrits de Bichat, j'y ai appris plus que vous, à ce qu'il paraît, à me défier des explications mécaniques, dont on a été si souvent prodigue en médecine, et je repousse la vôtre, jusqu'à ce que vous ayez administré la preuve de son exactitude. Cela me paraît bien simple.

Afin de prouver que l'auteur du *Catéchisme* n'avait pas tort de prétendre que l'on ne rencontre jamais d'altération pulmonaire chez les sujets les plus disposés à la phthisie, lorsqu'ils succombent à d'autres maladies, notre honnête praticien dit que je devrais me rappeler un passage assez long, consigné à ce sujet dans un de vos ouvrages. Mais , encore un coup, j'ignorais que vous fussiez l'auteur du livre, et j'avais pour but d'exposer les idées émises dans le *Catéchisme*.

En disant, dans le *Catéchisme*, que les sujets affectés de gastro-intérite ne meurent que par l'ignorance de leur médecin, ou le retard forcé du traitement, ou leur propre imprudence, votre honnête champion prétend que vous n'entendez désigner ni les gastro-entérites produites par les poisons ingérés dans les voies digestives ou répandus dans l'air, ni celles déterminées par une irritation qui, fomentée sourdement, n'importe dans quels tissus, détonne brusquement et vient frapper à mort les organes digestifs. Ces cas exceptés, ajoute-t-il, et les circonstances demandées plus haut existant, toutes les gastro-entérites se terminent par la guérison. Ce qui veut dire, pardonnez-moi cette paraphrase , qu'excepté les cas mortels, tous les autres guérissent quand on emploie assez tôt les moyens convenables , et que les malades ne sont pas imprudents. J'espère que vous n'insisterez pas sur ce point, et que vous comprendrez comment votre proposition étant *générale*, j'ai dû lui opposer une réfutation *générale* aussi, et m'abstenir d'entrer dans des détails d'exception, que vous n'aviez en aucune manière indiquée.

Bien que souvent aveuglé par la passion, vous avez , monsieur, l'esprit trop juste pour ne pas sentir que ces explications détruisent entièrement les reproches dirigés contre moi dans votre journal. Je désire que toutes les analyses de votre honnête collaborateur puissent supporter aussi bien que les miennes l'examen auquel je viens de me livrer. Quant aux injures dont vous m'avez laissé couvrir par lui, elles retombent sur vous qui les avez approuvées ; le public impartial, et les médecins qui connaissent mes ouvrages me feront justice. Je me respecte trop pour user ici de représailles.

Arrivé au terme de la tâche que vous m'avez forcé de remplir, permettez que nous récapitulions les faits dont il a été question dans cette lettre. J'ai démontré, je crois, que vous avez commencé votre carrière polémique par manquer, envers votre maître, aux égards que devaient vous commander, et votre qualité de disciple, et l'âge, et les services, et la célébrité, et l'illustration du médecin contre lequel vous n'avez cessé de vous acharner : d'où il résulte que vous vous êtes ôté le droit de réclamer autre chose de vos confrères que l'exacte observation envers vous des règles de l'équité. J'ai prouvé que, passionné dans vos jugements, injuste envers vos adversaires, plus injuste encore envers les hommes qui ont embrassé les opinions que vous professez, vous avez en quelque sorte autorisé par là toutes les critiques dont ils auraient pu faire usage contre vous. J'ai démontré que, malgré vos injustices et vos violences, justice entière vous a été cependant rendue par tous les médecins raisonnables, pour les perfectionnements réels que vous avez introduits dans la théorie et dans la pratique de l'art de guérir. J'ai dévoilé enfin l'étendue de vos prétentions ; j'ai donné la mesure de vos exigences et des écarts auxquels elles vous ont entraîné. Si, en m'occupant de ces pénibles objets, j'ai rassemblé quelques traits utiles à l'histoire de la médecine à l'époque actuelle ; si j'ai mis à découvert la cause principale des troubles qui l'agitent et retardent ses pro. grès, j'aurai atteint le but que je me suis proposé, et ce travail pourra produire quelque bien.

Vos efforts, monsieur, tendent à établir sur vos confrères un despotisme littéraire et médical qui, s'il s'organisait définitivement, serait intolérable dans son action, funeste dans ses effets, absurde et ridicule dans son principe. Vous trouverez, j'espère, des obstacles à l'accomplissement d'un tel dessein parmi tous les hommes qui ont le sentiment de leur propre dignité, et jusqu'au milieu du petit nombre d'adeptes qui vous entourent encore. Quant à l'école physiologique, elle repousse la servile admiration que vous cherchez à lui imposer; elle ne cessera jamais de rendre justice à vos talents, aux services que vous avez rendus : elle ne sera point ingrate envers le médecin, mais elle ne s'avilira pas devant l'homme. Elle s'étudiera, ainsi que je l'ai déjà dit ailleurs, non pas à mettre un homme au-dessus de la science et à le couvrir de stériles adorations, mais à s'occuper du soulagement de l'humanité, à continuer les travaux des hommes célèbres de tous les temps et de tous les pays.

J'ai l'honneur d'être, avec le plus profond respect,

Monsieur,

Votre très humble et très obéissant serviteur,

L.-J. BÉGIN.

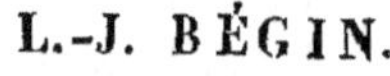

DE L'IMPRIMERIE DE LACHEVARDIERIE FILS,
SUCCESSEUR DE CELLOT, RUE DU COLOMBIER, N° 30.

www.ingramcontent.com/pod-product-compliance
Lightning Source LLC
Chambersburg PA
CBHW051319060726
47596CB00004B/1383